揭秘
史前世界！

探索恐龍與古生物
的奧秘

艾希莉·霍爾 著

克萊爾·麥阿法德 繪

新雅文化事業有限公司
www.sunya.com.hk

DK | Penguin Random House

新雅‧知識館

揭秘史前世界！探索
恐龍與古生物的奧秘

作者：艾希莉‧霍爾（Ashley Hall）
繪圖：克萊爾‧麥阿法德（Claire McElfatrick）
翻譯：吳定禧
責任編輯：黃碧玲
美術設計：劉麗萍
出版：新雅文化事業有限公司
香港英皇道499號北角工業大廈18樓
電話：（852）2138 7998
傳真：（852）2597 4003
網址：http://www.sunya.com.hk
電郵：marketing@sunya.com.hk
發行：香港聯合書刊物流有限公司
香港荃灣德士古道220-248號荃灣工業中心16樓
電話：（852）2150 2100
傳真：（852）2407 3062
電郵：info@suplogistics.com.hk
版次：二〇二四年七月初版

ISBN: 978-962-08-8341-5
Original Title: *Prehistoric Worlds: Stomp into the Epic Lands Ruled by Dinosaurs*
Copyright © Dorling Kindersley Limited, 2024
A Penguin Random House Company

Traditional Chinese Edition © 2024 Sun Ya Publications (HK) Ltd.
18/F, North Point Industrial Building, 499 King's Road, Hong Kong
Published in Hong Kong SAR, China
Printed in China

www.dk.com

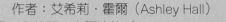

FSC | MIX
Paper | Supporting responsible forestry
FSC™ C018179

這本書是用Forest Stewardship Council®（森林管理委員會）認證的紙張製作的——這是 DK 對可持續未來的承諾的一小步。
更多資訊：www.dk.com/our-green-pledge

前言

當你想到古生物學時，腦海中是不是浮現出恐龍的影像呢？

古生物學是研究古老生命的科學，而恐龍只是我們地球上演化出來數百萬種生命形式的其中之一，牠們令人着迷，既古怪又奇妙。

當我還是個小孩，已對恐龍着迷不已。現在長大了，我仍然對恐龍充滿熱情！身為一位古生物學家，我將對化石的熱情與學校和博物館的參觀者分享。研究化石不僅有趣，更重要的是，它有助於揭開史前地球的奧秘，並教導我們如何保護現存脆弱的生態系統，為未來留下美好的世界。

我希望這本書能激發你對恐龍和古生物學的熱情。讓我們一起「挖掘」令人難以置信的史前世界吧！

艾希莉‧霍爾

Ashley Hall

目錄

4

我們如何研究史前世界

　　研究古代生命不僅限於了解古代的動物、植物、真菌、細菌，還包括它們留下的生存痕跡。這類型的研究就是古生物學。

　　許多**古代生物的遺骸**被保存為化石，今天的生物也可能在未來成為化石而保存下去。

　　古生物學家通過發現和研究化石，從而**掌握有關史前世界的知識**。

　　請你繼續閱讀，了解化石如何揭開地球歷史的神秘面紗吧！

化石是什麼？

化石是古代生物保留下來的遺骸，我們可以研究化石來了解史前世界。

化石的形成方法

化石能以許多不同的方式形成。石化是一種常見的化石形成過程，礦物質填補了原本軟組織所在的位置，繼而硬化形成化石。但除此之外，還有許多其他保存生物遺骸的方式。

碳化現象

在極高壓力下，生物遺骸會出現碳化現象，形成一層薄薄的碳化化石。植物和魚類的化石通常是以這種方式成形的。

石化木

石化現象

在石化的過程中，水分攜帶微小礦物質進入生物遺骸，取代軟組織並硬化形成化石。

冰凍現象

我們可以在冰凍化石之中發現冰河時期的動植物，它們的皮膚、毛髮、羽毛和葉子仍然被完整保存着，可以維持千萬年。

狹葉蠅子草

這種植物源自一顆保存在永凍層中32,000年的種子，再由科學家培育而成！

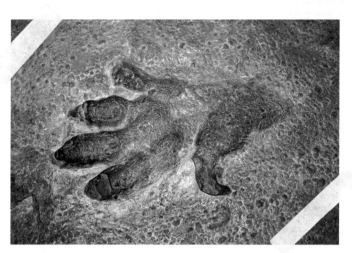

模鑄化石

古生物的遺骸或生存痕跡，例如腳印、貝殼或植物，有機會被沙子、泥土或淤泥等沉積物所填滿，形成一個立體印痕或復鑄物，我們將其稱為模鑄化石。

保存在琥珀裏的恐龍尾巴

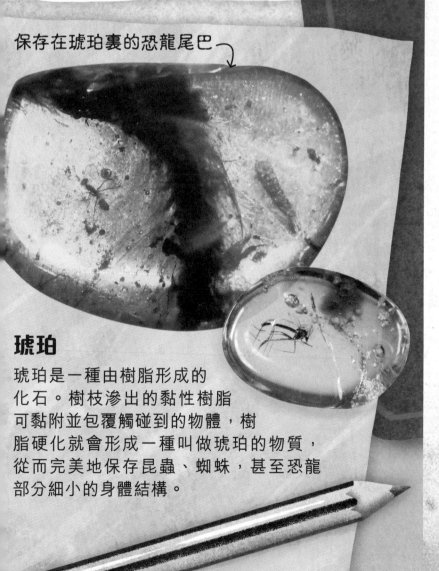

琥珀

琥珀是一種由樹脂形成的化石。樹枝滲出的黏性樹脂可黏附並包覆觸碰到的物體，樹脂硬化就會形成一種叫做琥珀的物質，從而完美地保存昆蟲、蜘蛛，甚至恐龍部分細小的身體結構。

生物如何變成化石

在地球上所有曾經存在的生命中，**僅有百分之一的幸運兒有機會成為化石**，因此化石是非常特別的，有些種類的化石甚至極為罕見。

第一步
死亡並留下遺骸或痕跡。

第二步
迅速被沙子、泥土、焦油、冰，或者來自河流、池塘和湖泊的沉積物覆蓋。

第三步
在地底保存數千、數十萬、數百萬甚至數十億年。

第四步
等待強風、流水、冰川或地震的侵蝕，將化石暴露在外面，然後被古生物學家發現！

新生代時期

這也稱為哺乳動物時代，由6,600萬年前一直延續至今。在非鳥型恐龍滅絕後，體型小如老鼠的哺乳動物演化成了各種體型龐大的哺乳動物，同時魚類、鳥類、爬行動物等也逐漸演化成了我們今天在地球上所見的動物。

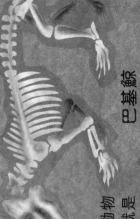

劍齒虎頭骨

劍齒虎

擁有銳利的獠牙以捕獲大型動物。

巨齒鯊的牙齒

體型最大的鯊魚

巨齒鯊在300萬年前滅絕。

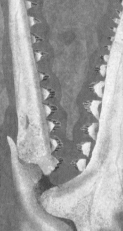

冠齒鯨頭骨

古代鯨

冠齒鯨是一種古代鯨。

早期鯨的祖先

鯨由小型的半水生哺乳動物演化而成，例如巴基鯨就是早期鯨魚的祖先。

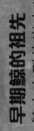

巴基鯨

中生代

中生代時期始於一次大型滅絕事件，以另一次的滅絕結束。在這個時期，恐龍、翼龍和海洋爬行動物統治地球長達1億8,000萬年。

副櫛龍的頭骨

吵鬧的恐龍

恐龍進化出各種特徵，比如副櫛龍的頭冠能夠發出像低音號一樣的聲音。

全新世
1萬年前
更新世
180萬年前
上新世
530萬年前
中新世
2,300萬年前
漸新世
3,390萬年前
始新世
5,580萬年前
古新世
6,550萬年前
白堊紀
1億4,550萬年前

早期的恐龍

最原始的恐龍身形小巧、速度快、體型修長。

腔骨龍的骨骼

異特龍的頭骨

掠食者恐龍

異特龍是狩獵並吞食巨型恐龍；梁龍便是牠的獵物之一。

海洋軟體動物

菊石是魷魚和章魚的近親，在螺旋形狀的貝殼中生長。

菊石

哺乳動物統治者

在恐龍出現之前，體型龐大、外型近似蜥蜴的哺乳動物統治陸地。

腕足動物

棘皮動物

三葉蟲

最古老的化石

已知最古老的化石是在澳洲燧石中發現的微生物化石，這個化石有34億年的歷史。

古生代

這個時期，地球上的生物發生了巨大變化。最早的生物在海洋中不斷演化，變得豐富多樣，並逐漸適應在陸地上行走。

史前時間軸

從46億年前地球形成開始，歷史就以化石形式保存在地球的岩層中。化石幫助我們了解史前世界的一切。本書將帶你探索史前世界的各個時期。

前寒武紀時期

這是歷史上最早的時期，始於46億年前地球形成時，地球上的生命誕生於37億年之前，然後延續至今。

侏羅紀 ----- 約1億9,960年前

三疊紀

----- 2億5,200萬年前

二疊紀 ----- 2億9,900萬年前

賓夕法尼亞世

----- 3億1,800萬年前

密西西比世

----- 3億5,920萬年前

泥盆紀 ----- 4億1,600萬年前

志留紀

----- 4億4,300萬年前

奧陶紀

----- 4億4,830萬年前

寒武紀

----- 5億4,200萬年前

元古宙

----- 25億年前

太古元

古生物學由地質學開始

　　為了尋找化石，我們必須先學習地質學：研究地球結構、形成過程以及相關的科學知識。自46億年前地球出現以來，地球表面就像一個巨大的蛋糕，一層一層形成，組成了地殼。你可以在世界各地看到不同層次的岩石暴露在地表上，我們將這些不同的層次稱為「地層」。

推算岩石的年代

　　如何判斷化石的年代？我們可以通過觀察化石所在的岩石，使用以下的方法來確定化石的年代：

相對年代測定

在沉積岩層，如砂岩和石灰岩中，底部的岩層相對比起頂部的岩層年代更為古老。

絕對年代測定

通過檢測岩石上下層的火山灰層，我們可以確定岩石的年齡。火山灰中具有某些放射性元素，透過測量放射性元素衰變（釋放能量）的速度，便能確定岩層的年代。

泥岩層

砂岩層

火山灰層

石灰岩層

火山灰層

白堊岩層

生物演化

透過研究地質學和化石，我們得以了解生命如何隨時間推移而改變。這個過程是生物演化，它是一個自然、可觀察的現象，而且至今仍在發生。由於所有生物都是從共同的祖先進化而來，科學家通過研究生物演化，以了解地球上的生命如何相互聯繫。

「無數最美麗與最奇異的類型，是從如此簡單的開端演化而來，並依然在演化之中。」

—— 查理斯·達爾文

不斷演化的地球

儘管我們無法目擊地球的陸地移動，但它們已經移動了數十億年，每年以1至20毫米的速度移動，這過程叫板塊運動。

2億5,100萬年前

在三疊紀時期，所有大陸都聚集在一起，形成了一個被稱為盤古大陸的超大陸。動物可以在陸地間自由移動。

1億5,000萬年前

在侏羅紀時期，盤古大陸分裂，形成了兩片巨大的大陸：勞亞大陸和岡瓦納大陸。兩片大陸之間出現了生機勃勃的海洋。

6,600萬年前

在白堊紀時期，各大陸的位置幾乎與今天相同，有些則被水覆蓋。

現今

地球目前有七大洲和五大洋。科學家認為在2億至3億年後將形成另一個超級大陸。

牠們並非全是恐龍！

閱讀本書時，請記住並非所有滅絕的生物都是恐龍。有時人們會使用「恐龍」一詞來描述已滅絕的動物，但實際上恐龍只是其中一個特殊的動物羣。

無齒翼龍

會飛的蜥蜴
無齒翼龍屬於飛行爬行動物，與恐龍同時存在於中生代時期。

象的祖先
這種生存於冰河時期的巨型哺乳動物與非洲象和亞洲象有密切關係。

真猛獁象

劍齒虎

史前貓科動物
劍齒虎，是冰河時期的哺乳動物，與貓科動物密切相關。

滄龍

懂游泳的蜥蜴
滄龍是海洋爬行動物，牠與蛇和蜥蜴更接近，而不是恐龍。

我們不是恐龍！

許多生物與恐龍生存於同一時期，包括游泳和飛行的爬行動物。儘管恐龍外觀上與這些動物相似，但牠們是獨立的羣體。

奇異的翅膀

奇翼龍擁有如蝙蝠般的膜狀翅膀。這種翅膀由翼膜（強韌的皮膚）組成，而不是羽毛。

奇翼龍

黑嘴喜鵲

我們是恐龍！

恐龍是在中生代時期演化出來的一種特殊爬行動物，如副櫛龍和戟龍。

戟龍

鳥類是恐龍嗎？

鳥類是現存的恐龍！它們是在6,600萬年前的大滅絕中唯一倖存下來的恐龍後代。

副櫛龍

什麼是恐龍？

恐龍有着共同的特徵：四肢直立於身體下方而不向側面擴展，眼睛後方頭顱骨上有兩個孔，以及像其他爬行動物和鳥類一樣具有生蛋的能力。

暴龍

劍龍

裝甲蜥蜴

劍龍是裝甲類恐龍，生活在1億5,000萬年前的侏羅紀時期。

蜥蜴之王

暴龍是一種恐龍，生活在6,600萬年前的白堊紀晚期。

14

古生代

　　古生代時期大約在5億3,800萬年至2億5,200萬年前，這個時期見證了不少生命演化的成功例子。許多動物至今仍然存在，例如魚類和爬行動物。

　　古生代始於一件重要事件──寒武紀大爆發。當時小型的單細胞海洋生物開始進化成奇異、全新和複雜的生命形式，比如這頁展示的三葉蟲。身具硬殼的三葉蟲是生物演化的成功例子，它在海洋中存在了2億7,000萬年，最終在一次大規模的滅絕事件中徹底消失。

　　請你繼續閱讀這篇章，了解古生代時期的一切。這是個令人興奮的時代，**見證着爬行動物的演化歷程吧！**

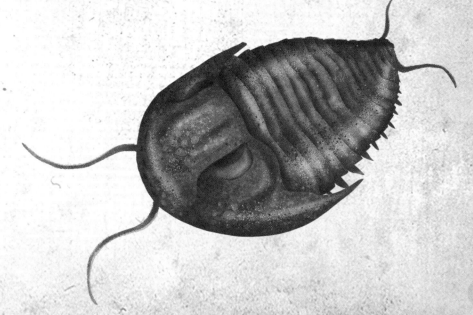

二疊紀

二疊紀在2億9,800萬至2億5,200萬年前，地球在這一時期發生了巨大的變革。生命快速演化，大陸慢慢合併成了一個名為盤古大陸的超級大陸。

恐龍出現前

在恐龍出現以前，異齒龍和其他大型爬行動物是地球上的頂級掠食者。

異齒龍

引螈

從水生到陸生

兩棲動物由魚類進化而來，發展出肺部和包含骨頭的鰭肢。在二疊紀時期，兩棲動物既在陸地也在水中生活，例如巨型引螈和頭部像迴力鏢的笠頭螈。

笠頭螈

雙角

笠頭螈的頭骨有兩個角。根據笠頭螈頭骨化石上的咬痕，我們發現異齒龍會捕獵笠頭螈，異齒龍透過口鼻前端的牙齒將笠頭螈拖出洞穴。

巨脈蜻蜓

巨型昆蟲
巨脈蜻蜓是一種巨大的蜻蜓，翼展達71厘米。牠飛來飛去，捕捉昆蟲和其他無脊椎動物。

基龍

陸地上的生命

　　二疊紀的氣候多樣，沿海地區濕潤多沼澤，陸地上則較為乾燥。這種環境有利於爬行動物茁壯成長，當中包括棘龍和杯鼻龍。牠們是已知最早的龐大草食性爬行動物。

杯鼻龍

纖肢龍

恐龍近親
纖肢龍是已知最早的雙孔類爬行動物之一。牠們身形小巧、外型如同蜥蜴，是恐龍的近親。

異齒龍

　　牠是最具代表性的史前動物之一，背部有大帆狀結構，嘴裏滿是鋸齒狀的利齒。牠身長約3.5米，重達180公斤，是二疊紀時期頂尖的掠食者之一。

異齒龍是一種肉食性恐龍，喜愛捕獵淡水鯊魚和兩棲動物。

這巨大的背帆有什麼作用？

堅硬的牙齒

異齒龍的英文是Dimetrodon，意思是「兩種不同形態的牙齒」。牠既有尖銳牙齒，用於切割；還有鋸齒狀的牙齒，以便撕裂堅硬的皮肉。

可怕的咬痕

科學家在異齒龍的骨骼上，竟發現了其他異齒龍的咬痕！

古生物學家對此仍感到困惑！

異齒龍是最早長有鋸齒狀牙齒的動物之一。

牠是誰？

儘管這很難以置信，但異齒龍與你的關係，比與恐龍更近！哺乳動物和異齒龍都屬於合弓綱動物：這種動物擁有四肢，而且每個眼窩後面都有一個孔。

高大的背帆
異齒龍延長的背骨支撐起高大的背帆，這可能用於吸引異性或阻嚇其他雄性。

沼澤居民
異齒龍能夠適應不同的生態環境，但牠們主要在濕地生活。

古生代海洋

泛大洋是環繞着盤古大陸的海洋，充滿了在古生代時期演化出來的奇妙生物。在這時期，許多簡單的單細胞生物演化為結構更複雜的動物。

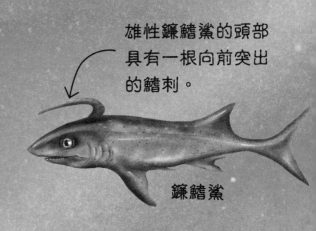

雄性鐮鰭鯊的頭部具有一根向前突出的鰭刺。

鐮鰭鯊

寒武紀大爆發

這是地球一個令人振奮的時期，因為在長達1,300至2,500萬年的時間內，所有主要的動物羣體都開始演化。動物的眼睛、早期脊椎、鰓和口都是此時開始演化出來的。

胸脊鯊

這種魚擁有奇異形狀的背鰭，覆蓋着一排排鱗狀凸起物，像是一顆顆牙齒。目前尚不清楚這種結構的具體用途。

旋齒鯊

這種魚的外形近似鯊魚，以牠恐怖的輪盤狀牙齒而聞名。牠螺旋形的牙齒能夠將軟體獵物拉入嘴。

旋齒鯊的牙齒化石

海洋生物

　　在寒武紀大爆發時期，海洋無脊椎動物開始不斷演化和繁衍，當中包括軟體動物和節肢動物。以往的軟體動物進化出了腿、複雜的眼睛結構、裝甲和其他保護自己的方法。脊椎動物，如鯊魚和其他魚類也在海洋中繁衍。

馬爾拉蟲

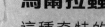

馬爾拉蟲

這種奇特的早期節肢動物是加拿大的伯吉斯頁岩地區最常見的化石。至今已經收集了超過25,000個化石標本。

棱菊石

硬盾菊石

硬盾菊石

牠與章魚和蝸牛一樣是軟體動物，屬早期菊石的一種，為已滅絕的有殼動物。牠的殼盤旋成不規則形狀。

海百合

珊瑚

腕足動物

提塔利克魚

首隻踏足陸地的生物

　　四足動物是擁有四肢的脊椎動物，能夠以四肢爬上陸地，如提塔利克魚。牠們在3億8,500萬年前從魚類演化而來。所有四足動物，包括恐龍、兩棲動物、蜥蜴和哺乳動物，都是從這些水生祖先演化而來的。

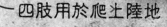

四肢用於爬上陸地

冠鱷獸

冠鱷獸在希臘文中意為「有冠狀物的鱷魚」，但是牠們與鱷魚一點關係也沒有。這些奇異的二疊紀生物是什麼呢？儘管牠們看起來像是恐龍、豬和鱷魚的混合體，實際上卻是獸孔目動物——也就是現代哺乳動物的遠親。

沼澤泳將

冠鱷獸的皮膚類似河馬，有利於在沼澤和濕地中生存。

皮內成骨　　凹凸皮膚表面

皮膚、鱗片還是毛皮？

根據冠鱷獸的臉部皮膚印痕，我們發現牠的皮膚與無毛哺乳動物相似，而非布滿鱗片。皮內成骨（嵌入真皮下的小骨）使其皮膚變得凹凸不平。

防禦性的角
冠鱷獸的頭頂具有兩個大型角，可用作展現外貌或防禦。

可怕的頭部

冠鱷獸是二疊紀的獸孔目動物，被稱為恐頭獸，意為「可怕的頭部」。由於牠們巨大的頭骨凹凸不平，具有數個角狀物和突起物。

銳利的牙齒
巨大銳利的犬齒主要用來攻擊敵人。

成年冠鱷獸可以長到 3 米長，
比一頭牛還大！

既愛吃肉也愛植物
冠鱷獸屬於雜食動物，同時吃肉類和植物。

強悍的戰士

這獸孔目動物矮又胖，四肢向兩側伸開，肩部肌肉發達，因此強大善戰，有利於捕獲獵物或與同類搏鬥。

23

二疊紀植物

二疊紀時期的植物是陸地動物的重要食物來源。二疊紀的沼澤地帶有高大的石松樹、蒼翠的蕨類和木賊，而銀杏樹和松柏樹則在較乾燥的地區生長。

種子蕨

木賊

銀杏樹

石松樹

松柏樹

蘇鐵

活化石

儘管這些植物看起來奇形怪狀，但它們大多數在屢次滅絕事件中倖存下來。這些植物的後代至今仍然在地球上生存，所以被稱為「活化石」。

松柏樹

一般在乾燥地區生長，樹幹高大挺拔，樹葉繁茂形成遮蔭的樹冠。羽杉就是其中一種松柏樹。

銀杏樹

銀杏樹並不是開花植物，它們透過散播種子來繁殖。銀杏樹與蘇鐵有共同的祖先。

蘇鐵

蘇鐵有着木質樹幹，頂部的樹冠大而硬。它們至今仍然生存於森林中。

舌羊齒是一種已滅絕的種子蕨類植物。研究它的化石有助科學家發現地球的大陸曾經連接在一起，組成名為岡瓦納大陸的其中一片超級大陸。

木賊

蘆木是木賊的一種，是已滅絕的樹狀蕨類植物，可以長至高達50米高。

種子蕨

種子蕨類植物是第一種利用種子而不是孢子來繁殖的植物。

石松樹

鱗木是石松樹的一種，它們可長到50米高，樹幹會長出葉子。

大滅絕

二疊紀-三疊紀滅絕事件（又名大滅絕）是地球上有史以來最大規模的滅絕事件。令人難以置信的是，約90%的海洋生物和70%的陸地生物都消失殆盡了。

巨脈蜻蜓

麝足獸

狼蜥獸

異齒龍

什麼生物滅絕了？

隨着地球變得更加炎熱乾旱，森林消失了，依賴森林植物作為食物和居所的動物也隨之消失。大多數大型爬行動物滅絕了；而小型、適應性強的生物則倖存了下來。

二疊紀-三疊紀滅絕事件

大滅絕發生在距今約2億5,200萬年的二疊紀末期。有別於白堊紀末期造成恐龍（除了鳥類）突然滅絕的事件，二疊紀-三疊紀滅絕事件是因氣候變化而逐漸發生的。

西伯利亞暗色岩的
火山爆發可能是這次
滅絕的其中一個主因。

植物的生命垂危
大滅絕事件中，首當其
衝的是植物的物種。

整個滅絕事件持續了
300萬至1,500萬年之久。

肋木

水龍獸

強大的倖存者
水龍獸懂得挖地洞，
在大滅絕中得以存活。

誰能倖存？

水龍獸是其中一種在大滅絕中倖
存的動物，牠是小型二齒獸（類似哺
乳動物的爬行動物）。此外，犬齒獸
也是大滅絕的倖存者，牠們是哺乳動
物的祖先。倖存者在有毒的生態環境掙
扎求存，進而產生新物種——恐龍。

起因是什麼？

造成這場大滅絕的原因是氣候變化。
在現今俄羅斯位置的西伯利亞暗色岩區
域，巨大的火山爆發釋放了大量二氧化
碳。這些二氧化碳導致地球溫度升高，海
洋酸化加劇，使許多生物無法生存。

恐龍大對決
暴龍和三角龍化石
在美國洛杉磯自然
歷史博物館展出。

恐龍時代

在二疊紀-三疊紀滅絕事件之後，萬物逐漸復甦，並演變出一類新動物——恐龍。牠們演化成有史以來最大的陸地動物。

恐龍最早於2億5,000萬年前演化，繁衍生息了1億8,000萬年。在古生物學的發展下，我們現在可以於世界各地的博物館中欣賞到恐龍的骨骼、足跡、糞便化石、蛋等多種恐龍化石。

請你繼續閱讀，一起探索讓人歎為觀止的恐龍世界！

中生代

中生代時期被劃分為三個不同的時間段。為什麼呢？

這是因為每個時期的結束都代表着一次滅絕事件。當時許多動植物遭滅絕，並有新生命出現取而代之。中生代時期一共發生了三次滅絕事件，每次發生的原因都有所不同。

地球歷史上五次大規模的滅絕事件中，有三次發生在中生代。

三疊紀
恐龍起源（2億5,200萬年至2億100萬年前）

在二疊紀-三疊紀滅絕事件中，幾乎沒有動物倖存。隨着這些動物消失，其他生物得以在三疊紀時期演化。恐龍是由身形小巧、兩足行走的主龍進化而來。第一批海洋爬行動物也在此時出現。

三疊紀最後在火山爆發引起的氣候變化下結束。

板龍

西里龍

艾雷拉龍

魚龍

侏羅紀
巨獸時代（2億100萬年至 1億4,500萬年前）

翼手龍

盤古大陸分裂，魚龍和蛇頸龍稱霸海洋，蜥腳類恐龍佔據陸地，翼龍主宰天空，小型哺乳動物和鳥類開始演化。隨後生物面對氣候變化以及海洋含氧量下降，海洋缺氧加劇，導致侏羅紀終結。

白堊紀
最後的恐龍時代 （1億4,500萬年至 6,600萬年前）

小盜龍

這時期演化出形態多樣的恐龍，如最小的獸腳類小盜龍和最大的蜥腳類巴塔哥巨龍。此外，這時期也開始出現開花植物。恐龍、翼龍、海洋爬行動物和植物佔據全世界，甚至南極洲。非鳥型恐龍在白堊紀最後一次出現，時間長達7,900萬年，直至在白堊紀滅絕事件中全數滅絕。這次大滅絕簡稱為「K-Pg 滅絕事件」。

腕龍

劍龍

異特龍

伶盜龍

巴塔哥巨龍

禽龍

降雨帶來了……恐龍？

在距今約2億3,400萬至2億3,200萬年的三疊紀晚期，氣候從乾燥炎熱變得非常潮濕，這現象是卡尼期洪積事件。加拿大的火山爆發釋放了大量溫室氣體，使地球變暖，全球降雨持續了一二百萬年。由於氣候變化的持續降雨，植物變得繁茂，恐龍變得更多樣化。

三疊紀動物

在二疊紀-三疊紀滅絕事件中，氣候變化導致空氣及水源對所有生命有害。在隨後的三疊紀時期，空氣變得清新，萬物復甦，開始演化出第一批哺乳動物、恐龍和翼龍（飛行爬行動物）。

始盜龍

真雙型齒翼龍

植龍

脫胎換骨

在二疊紀-三疊紀滅絕事件後，一羣小型爬行動物進化成地球上最大的動物——恐龍。牠們擁有特殊的骨盆結構，使腿部位於身體下方，而不是向兩側擴展。這種骨盆結構有於直立行走和奔跑，以便尋找食物並逃避掠食者。

恐龍

這類爬行動物擁有新型的骨盆結構，兩肢直立於身體下方。

翼龍

翼龍是已滅絕的爬行動物，牠們是第一批演化出飛行能力的脊椎動物，比鳥類和蝙蝠更早具備飛行能力。

偽鱷

偽鱷類主龍包括堅蜥、植龍和波波龍，牠們是現代鱷魚的近親。

主龍

牠的名字在希臘文意為「具優勢的蜥蜴」。主龍是一羣多樣化的爬行動物，也是鳥類和鱷魚的祖先。如今，鳥類和鱷魚是地球上僅存的主龍類動物。

摩爾根獸

小怪獸？

摩爾根獸體長只有10厘米，外觀與老鼠或鼩鼱相似。

埃里斯蜥獸

哺乳動物的起源

我們現今在哺乳動物身上看到的許多特徵最初都出現在獸孔目動物身上，比如四肢位於身體下方。

橫齒獸

內齒獸

三疊紀時期是一個復甦與變更的時代。

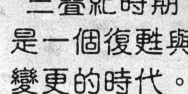

地角蟾

引螈

柳胸螈

真正的哺乳動物

哺乳動物體型小巧、具有毛皮，甚至比老鼠還小。牠們在2億100萬年前從獸孔目演化而來，是現今唯一仍存在於地球上的獸孔目動物。

巨爪蜥

樹上居民

鐮龍的尾巴能夠纏繞樹枝，有些還具有類似拇指的腳趾，可以抓握物件。

鐮龍

獸孔目動物

哺乳動物於2億100萬年前從這個奇異的羣體演化而來。牠們不僅體型小巧、善於夜行活動，還能夠調節體溫。這些特點都幫助獸孔目動物生存下來。

離片椎目動物

這種大型兩棲動物是現代青蛙和蠑螈的親戚。牠們是最早適應陸地生活的脊椎動物之一，遠至3億3,000萬年前已經成功演化出水陸兩棲的習性。

鐮龍

這種早期爬行動物並不是變色龍，但牠們的外觀非常相似！牠們具有類似的特徵，適合棲息在樹上，以昆蟲和其他小動物為食物。

地球上第一隻巨獸

杯椎魚龍是魚龍類爬行動物，生活在2億4,400萬年前。牠是當時體型最大的生物，長達17米，和現代的抹香鯨一樣大！

杯椎魚龍

菊石

三疊紀海洋

在二疊紀-三疊紀滅絕事件之後，許多動物遭到滅絕。三疊紀時期的爬行動物繼而開始在海洋繁衍生息，牠們進化出像蹼一樣的腳，和像槳一樣的尾巴，成為強大的水中捕獵者，主宰着這片三疊紀海洋。

巨獸的食物
牠之所以能長得如此巨大，是因為牠的食物豐富多樣，包括菊石、魚類、魷魚，甚至還有其他小型海洋爬行動物。

幻龍

這種海洋爬行動物長達4米。憑藉着蹼足和修長的身體，幻龍成為三疊紀的捕魚高手。牠具有和海豹和海獅相似的生活習性。

幻龍

濾齒龍

濾齒龍

牠是早期的海洋草食動物之一，利用一排排像拉鍊一樣的針狀牙齒，進食海底的藻類。第一個濾齒龍化石於2014年在中國被發現。

魚龍強而有力的尾巴有利於在海裏游泳。

是日菜單

箭石的外形與魷魚相似，且具有彈性，是許多海洋動物重要的食物來源。

箭石

在三疊紀時期，地球上大部分的陸地組成一個巨大的陸塊，四周環繞着海洋。

月亮谷

　　阿根廷的聖胡安擁有世界上最壯觀的早期三疊紀化石遺址——月亮谷，以其類似月球表面的景觀而得名。在當地的伊斯基瓜拉斯托地層中，發現了最古老的恐龍化石，該地層的年代被確定為2億2,700萬年前。

最早的恐龍
月亮谷是一些早期恐龍的家園。

昔日景觀

　　這片炎熱乾燥的土地曾經是一片蒼翠的洪泛平原。豐沛的降雨帶來奔騰的河流和茂盛的綠色植被。艾雷拉龍、始盜龍、皮薩諾龍、堅蜥、二齒獸、兩棲動物、喙頭龍以及犬齒獸統治着這片土地。

壯觀的化石遺址

喙頭龍

這片谷地曾經被火山爆發產生的火山灰覆蓋，保存了豐富的古生物化石。當中包括高達40米的原始樹幹化石、喙頭龍等爬行動物的化石，以及始盜龍等恐龍化石。

食草動物

喙頭龍是長約1至2米的草食性爬行動物，擁有強而有力的喙、大型齒板和用於挖掘的巨爪。

風蝕地貌

隨着時間的推移，伊斯基瓜拉斯托州立公園的砂岩層和泥岩層被風雕刻成令人驚嘆的岩石形態，這讓三疊紀時期河流沉積下的岩層顯露出來。

岩石層

古生物學家尋找保存在岩石層中的化石，這些岩石層被稱為地層。

我們在1958年首次發現艾雷拉龍的骨骼化石

發現艾雷拉龍

這是化石紀錄中已知最早的恐龍之一。多年來，由於艾雷拉龍化石的數量較少，科學家不確定牠是否恐龍。直到1988年在伊斯基瓜拉斯托州立公園發現了一副幾乎完整的骨架和頭骨，艾雷拉龍才被正式歸類為蜥腳類恐龍。

艾雷拉龍

侏羅紀時期

在侏羅紀時期，盤古大陸逐漸分裂成兩個獨立的大陸，分別是勞亞大陸和岡瓦納大陸。火山活動使全球變得更加溫暖，帶來熱帶的氣候。恐龍持續演化且變得多樣化，形態和大小各不相同。

身穿裝甲
怪嘴龍等裝甲類恐龍身上都有厚厚的骨質甲板嵌入皮膚中。

怪嘴龍

防禦機制的演化

隨着肉食性恐龍變得更巨大，一些草食性恐龍演化出防禦機制來保護自己。裝甲類恐龍受到攻擊時有較高的生存機率，並將有利的特徵傳給後代。隨着時間的推移，牠們身上的刺和護甲變得更加巨大和堅固。

防禦性尖刺
尖銳鋒利的尾刺是用於對抗異特龍和角鼻龍的有效武器。

劍龍

侏羅紀巨獸

蝟腳類的長頸恐龍曾是地球上最大的陸地動物，牠們長得非常巨大，能夠觸及比其他草食動物更高的樹冠層。牠們的體型讓許多掠食者敬而遠之。

長脖子

為了適應環境變化，腕龍進化出長頸的特徵，以便進食樹冠層高處的樹葉。

迷惑龍

古代滑翔者

這種早期哺乳動物在四肢間有着薄膜，有助於滑翔。

遠古翔獸

腕龍

早期哺乳動物

遠古翔獸體型小巧、善於滑翔，生活在2億年前的中國。牠是已知最早的哺乳動物之一，也是我們最早的親戚之一。

哺乳動物的多樣性

侏羅紀時期的哺乳動物開始變得比三疊紀時期的更豐富多樣，例如外形近似水獺的獺形狸尾獸以及體型較小、近似嚙齒動物的多瘤齒獸。這些哺乳動物在侏羅紀時期不斷繁衍壯大。

大帶齒獸

迷你怪獸

吳氏巨顱獸的體型小得猶如一個萬字夾！

老鼠尺寸的哺乳動物

長約10厘米的大帶齒獸擁有類似嚙齒動物的毛髮和牙齒。

吳氏巨顱獸

奇翼龍

牠是龍、蝙蝠還是鳥？都不是！

「奇翼」意為「奇怪的翅膀」，奇翼龍是屬於擅攀鳥龍科的恐龍。雖然其他恐龍具有長臂、伸展的指骨和利於停棲的鉤爪，但擅攀鳥龍是第一種擁有膜狀翅膀的恐龍。這層翼膜和皮膚一樣柔軟且有彈性。

牙齒
奇翼龍只有在喙前端有細小的牙齒。

至今全世界只發現過一具奇翼龍化石。

奇異的恐龍

擅攀鳥龍是一種能適應樹上生活的特殊恐龍。雖然牠們擁有翅膀，但只能滑翔而不能飛行。牠們是已知體型最小、無法飛行的恐龍，而奇翼龍的大小與鴿子相似。

指骨
奇翼龍有三條指骨，可以幫助攀爬和捕捉獵物。

翼膜
由一層薄薄的皮膜組成，結構近似蝙蝠的翅膀。

支撐翼膜
奇翼龍前肢骨頭特別長，有助於支撐翼膜。

羽毛
奇翼龍的身體大部分有一層濃密的羽毛覆蓋。長長的尾羽有利於在滑翔時保持平衡。

鈎爪
彎曲的爪子有助抓住樹枝和捕捉獵物。

飛行的演化

有些脊椎動物演化出飛行能力，牠們包括鳥類、蝙蝠、翼龍和擅攀鳥龍。這些物種從手部和手臂骨骼演化出翅膀。下圖展示了不同物種的翅膀，各種骨骼以不同的顏色標示。

鳥類

手指

前肢

上肢

蝙蝠

翼龍

擅攀鳥龍

41

侏羅紀海洋

2億年前，隨着盤古大陸分裂成較小的大陸，海水填滿了陸地間的空隙形成了新的海洋，例如聖丹斯海和特提斯海。這些溫暖的淺水海域有利於生物生長，從珊瑚礁到巨大的海洋爬行動物，各種生物都在其中繁衍生息。

大眼魚龍

這種長6米的魚龍擁有所有魚龍中最大的眼睛。牠的眼睛直徑達到22至23厘米，相當於一個籃球的大小！

大眼魚龍

菊石

菊石是許多海洋掠食者的重要食物來源。我們在其他動物的糞便化石中，發現了完整的菊石殼和菊石喙！

菊石

無脊椎動物

潛入侏羅紀的海牀，你會看到豐富多彩的生命圖景，例如珊瑚礁、棘皮動物、蠕蟲、海百合、甲殼類動物以及大型蝸牛。馬蹄蟹在5億年前演化出現，至今仍存在於海洋中。

馬蹄蟹

利茲魚

利茲魚

這種長20米的魚會張開嘴巴游動，吞噬浮游生物（微小的植物和動物），攝取食物並將水排出。

箭石

這些類似魷魚的生物用觸鬚上的鉤子抓住魚類獵物。為了逃避捕食者，牠們會噴射黑色墨汁然後迅速遊走。

箭石

滑齒龍

長6.6米的滑齒龍是一種屬於上龍亞目的蛇頸龍，具有短頸和大顎的特徵。牠會捕獵其他大型海洋動物，包括魚龍。

滑齒龍

海綿

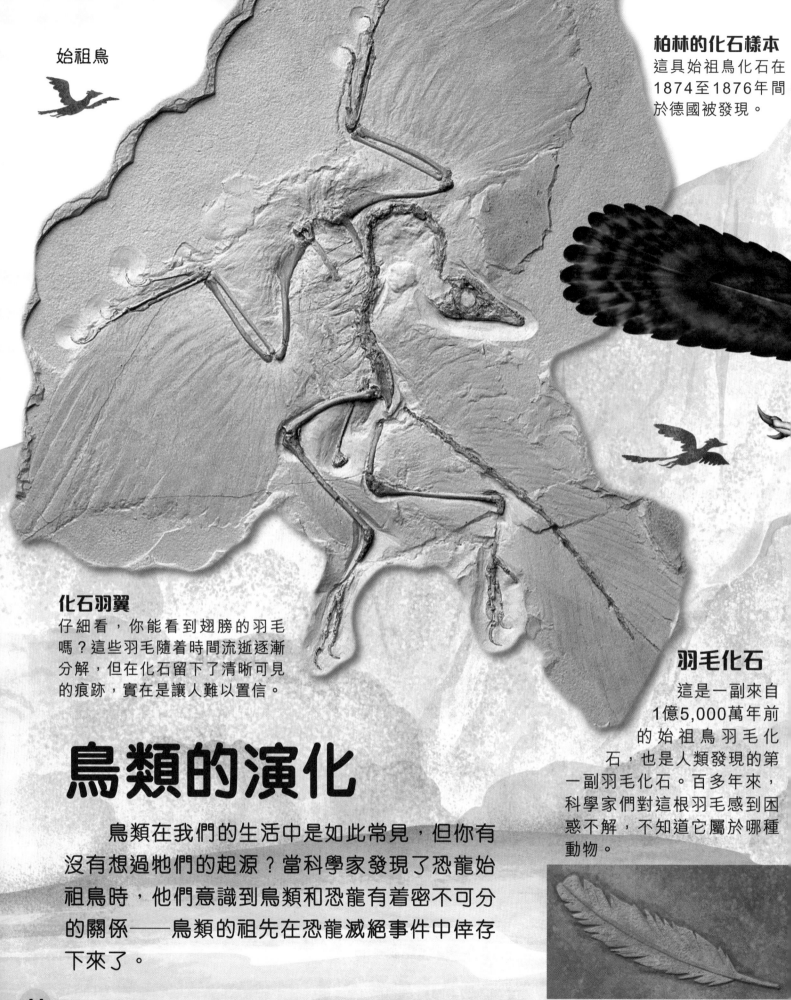

始祖鳥

柏林的化石樣本
這具始祖鳥化石在1874至1876年間於德國被發現。

化石羽翼
仔細看,你能看到翅膀的羽毛嗎?這些羽毛隨着時間流逝逐漸分解,但在化石留下了清晰可見的痕跡,實在是讓人難以置信。

鳥類的演化

鳥類在我們的生活中是如此常見,但你有沒有想過牠們的起源?當科學家發現了恐龍始祖鳥時,他們意識到鳥類和恐龍有着密不可分的關係——鳥類的祖先在恐龍滅絕事件中倖存下來了。

羽毛化石
這是一副來自1億5,000萬年前的始祖鳥羽毛化石,也是人類發現的第一副羽毛化石。百多年來,科學家們對這根羽毛感到困惑不解,不知道它屬於哪種動物。

鳥還是恐龍？

　　始祖鳥的長尾巴由尾椎骨組成，每條腿有三根指骨，長着恐龍一樣的牙齒以及像鳥類一樣的羽毛和空心骨骼。始祖鳥憑着這些特徵，成為了鳥類和恐龍之間的過渡化石！

多用途羽毛
始祖鳥的羽毛利於飛行、維持體溫以及吸引配偶。

始祖鳥

有羽毛的恐龍

自始祖鳥被發現以來，科學家們挖掘出更多長有羽毛的獸腳類恐龍化石，當中有許多是在中國被發現的。

怜盜龍

中華龍鳥

探索化石的顏色

　　科學家使用高倍顯微鏡掃描化石羽毛，尋找一種叫黑色素體的成分。這種微小的細胞結構含有構成皮膚、毛髮、羽毛等顏色的色素。

古生物學工具
顯微鏡幫助科學家在化石中發現顏色。

我們身邊的恐龍

　　鳥類又稱為鳥翼類恐龍，牠們在大規模滅絕事件中倖存，意味着現在全球有超過10,000種恐龍在我們周圍生活！

45

侏羅紀海岸

　　萊姆里吉斯是位於英國多塞特郡的一個海濱城鎮，這裏是世界上著名的化石產區之一，周圍高聳的灰色頁岩蘊藏着侏羅紀時期的寶藏。這裏的懸崖被稱為侏羅紀海岸，擁有數百萬年前的菊石、魚龍和蛇頸龍的化石，這些化石還會滾落到下方的海灘上。

侏羅紀懸崖
在這頁岩及石灰岩懸崖中，蘊藏了2億年前的侏羅紀海洋生物化石。

著名的化石搜集者
瑪麗·安寧在十九世紀成長於英國萊姆里吉斯。為了幫助家人籌錢，她收集化石再向遊客出售。1811年，年僅12歲的瑪麗在家附近發現了第一具魚龍化石骨骼。當時女性被禁止加入地質學會，因此她透過大量閱讀科學論文，自學古生物學知識。

翼龍

瑪麗在29歲時發現了雙型齒翼龍化石，這是在英格蘭發現的第一個翼龍化石。這個標本目前收藏於英國倫敦的自然歷史博物館以供遊客參觀。

雙型齒翼龍

魚化石

瑪麗在大約1828年發現了這個保存非常完整的化石。

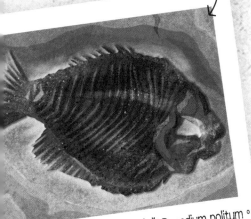

這是一種已滅絕的新鰭魚類，名為Dapedium politum。

魚龍

瑪麗12歲時發現了第一副魚龍的骨骼化石。在這副魚龍骨骼的腹腔內仍然保留着牠最後進食的魚骨和鱗片遺骸！

魚龍

瑪麗的發現

瑪麗年輕時發現的化石比今天大多數古生物學家還要多。她的發現證明了地球的歷史遠比當時所認為的要古老得多，也證實了在哺乳動物出現之前存在一個爬行動物時代。

菊石

菊石曾被稱為「蛇石」，屬魷魚的近親。

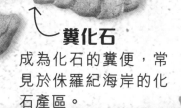

糞化石

成為化石的糞便，常見於侏羅紀海岸的化石產區。

蛇頸龍

瑪麗發現了世界上第一副蛇頸龍的骨骼化石。彪龍是一種上龍亞目的蛇頸龍，擁有一條長長的脖子和滿口鋒利的牙齒，是侏羅紀海洋中頂級的掠食者。

彪龍

箭石

這軟體動物的化石曾被稱作「惡魔之指」。

尼亞薩龍

始盜龍

近似蜥蜴的骨盆
骨盆的恥骨指向下前方。

蜥臀目
（長着蜥蜴般骨盆的恐龍）

蜥臀目恐龍是更接近鳥類的物種，與三角龍的親緣關係較遠。許多蜥臀目恐龍具有與蜥蜴相似的骨盆結構。

地球第一批恐龍

地球第一批恐龍出現在距今約2億4,500萬年前的三疊紀早期。牠們體型較小，用二足行走。在數百萬年裏，牠們分化成不同的族羣。

稜齒龍

近似鳥類的骨盆
骨盆的恥骨指向下後方。

鳥臀目
（長着鳥類骨盆的恐龍）

儘管具有類似鳥類的骨盆結構，鳥臀目恐龍與三角龍的親緣關係更為密切，而不是鳥類。

裝甲類恐龍

恐龍分類

分類是根據事物的相似性或差異性，將其分為不同類別。我們利用這方式將恐龍分類，從而了解牠們的起源和演化，以便更好地理解恐龍之間的關係。

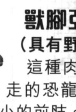

梁龍

蜥腳形亞目
（具有蜥蜴的腳）

蜥腳形亞目恐龍是草食性、以四足行走的恐龍，牠們頭部較小，頸部較長，牙齒呈葉狀。

厚頭龍

厚頭龍亞目
（厚頭蜥蜴）

厚頭龍是草食性、以二足行走的恐龍，厚重的頭骨被凸起的棘狀物或尖刺環繞，也因此而得名。

獸腳亞目
（具有野獸的腳）

這種肉食性、以二足行走的恐龍具有中空骨骼和較小的前肢。所有現代鳥類都是獸腳亞目恐龍的後代。

異特龍

頭飾龍

三角龍

角龍亞目
（有角的面孔）

角龍是草食性、具有喙嘴的恐龍。牠們在侏羅紀末期時曾經是以二足行走的。但經過數百萬年的時間，牠們逐漸演變為四足行走。

劍龍亞目
（背部像屋脊的蜥蜴）

劍龍是草食性、以四足行走的恐龍。牠們身上覆蓋着硬質骨板和尖刺，用於防禦捕食者。

巨刺龍

甲龍亞目
（背部堅硬的蜥蜴）

這種草食性、以四足行走的恐龍擁有棒狀的大尾巴和厚重裝甲，可以有效防禦捕食者。

甲龍

禽龍

鳥腳亞目
（具有鳥類的腳）

鳥腳亞目恐龍是草食性、以二足行走的恐龍，具有特殊的喙和牙齒，以便食用植物。

49

副櫛龍的頭骨可長達1.6米！

長尾巴
有助於在後腿站立時
保持身體平衡。

牠吃什麼？

就只吃植物！這種大型
草食動物的菜單包括葉子、
樹枝和松針。牠們的嘴裏整
齊排列着數千顆扁平的牙
齒，以便咀嚼堅硬的植物。

松針

副櫛龍

鴨嘴龍是生活在白堊紀晚期的大型草食
動物，而鴨嘴龍科的副櫛龍以其獨特的頭冠
最為人所知，其化石遍布北美洲，從美國新
墨西哥州到加拿大阿爾伯塔省都有發現。

頭冠有什麼用處？

副櫛龍的大型頭冠有趣又獨特。這是一個空心的腔室，用於製造聲音，但學者仍然不確定為什麼牠們要發出聲音。通過電腦模擬，我們推測頭冠發出的聲音會隨着年齡而改變，成年副櫛龍會發出如低音號般低沉響亮的聲音，而幼年的則發出高音的尖叫和啁啾聲。

副櫛龍的頭骨化石

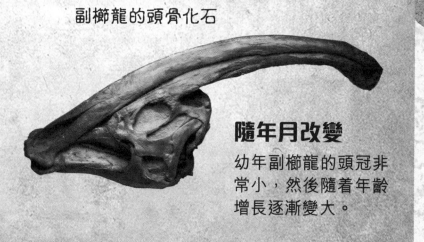

隨年月改變

幼年副櫛龍的頭冠非常小，然後隨着年齡增長逐漸變大。

無齒的喙

副櫛龍尖銳有力的喙由角蛋白組成，與鳥喙和人類指甲的成分相同。

向後延伸的頭冠

副櫛龍的頭冠由鼻孔開始往頭骨延伸，形成一個空心管道。它能製造聲音，與其他同類溝通。

蕨類

鴨嘴龍科的喙看起來像鴨子的嘴，也因此而得名。

恐龍古生物學

化石不僅僅是岩石，它們還是人們了解動物生命史的重要途徑！通過仔細觀察化石骨骼、軟組織和糞便化石的內部結構，我們可以加深對古生物學的認識，了解各種已滅絕的動物。

糞便化石

草食性恐龍的糞便化石

我們可以從糞便的化石學到什麼？通過觀察它，我們可以了解古代動物的飲食，就像我們觀察現代動物一樣。例如，古生物學家和糞便化石專家凱倫·錢博士（Dr. Karen Chin）的團隊發現，一些草食性恐龍（可能是鴨嘴龍）曾經食用腐爛的木頭和甲殼動物。

軟組織

在2005年，古生物學家瑪麗·史懷哲博士（Dr. Mary Schweitzer）首次發現了暴龍大腿骨內部的軟組織，並將這隻暴龍命名為「B-雷克斯」，這是隻雌性暴龍。

恐龍生長

恐龍是如何成長的？通過研究不同年齡階段的恐龍化石，我們可以了解牠們如何成長和變化。我們將這類型的研究稱為形態發生學。例如現今的博物館藏有大量的三角龍化石，我們可以藉此了解三角龍的發育過程。

嬰兒期
三角龍寶寶的角短小、尖銳且筆直。

幼年期
隨着三角龍成長，牠的角也會成長，並開始向上彎曲。

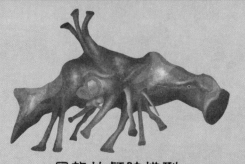

暴龍的顱腔模型

腦部

恐龍的大腦是什麼樣子的呢？可惜柔軟的腦組織無法以化石形式保存下來。取而代之的是我們可以研究顱腔模型，模擬軟體組織的形態。顱腔模型可以由填滿顱內空間的沉積物形成，也可以用塑膠製成，或者是在電腦上建模製造。

大腦

大腿骨

雄性還是雌性恐龍？

雌性鳥類和恐龍產下的蛋由一種名為碳酸鈣的礦物質組成。在產卵期間，牠們必須攝取更多的鈣，這樣就不必從自己的骨頭中提取礦物質。牠們會將額外的鈣質儲存在大腿骨中的特殊組織中，我們將其名為骨髓組織。因此，當一個化石含有這種骨髓組織，我們便會知道這是一具雌性的恐龍化石。B-雷克斯是於2000年首次發現具有骨髓組織的暴龍化石。

亞成年期

當三角龍接近成年大小時，牠的角會變得更筆直。

成年期

當三角龍發育完全成熟時，牠的角會向前彎曲，頭盾上也會出現孔洞。

53

地獄溪層

這個地質層是世界上保存最完好的白堊紀晚期生態系統之一。這一地區橫跨美國北部的各個州份，包括蒙大拿州，蘊藏了大量恐龍化石，還包括了暴龍和艾德蒙頓龍的化石。

翼龍

溪流生態

穿越北美的温暖海域使得這個地區變得炎熱而濕潤。恐龍、翼龍、鱷魚和龜類都是這裏的常見物種。

紅木森林

三角龍

馳龍

甲龍

厚頭龍

蒙大拿州的惡地

美國蒙大拿州是考察地獄溪層化石的最佳地點之一，通過研究這個地區的頁岩、泥岩和砂岩層以及其中的化石，我們可以更了解這片6,600至6,800萬年前的生態系統。

厥類

三角葉楊

普爾加托里猴

艾德蒙頓龍

暴龍

銀杏樹

鵝掌楸

55

白堊紀海洋

在白堊紀時期，巨型魚類、蛇頸龍和滄龍稱霸海洋。海洋還充滿了巨型海洋爬行動物、掠食性魚類、鯊魚、潛水鳥以及和汽車一樣大的海龜。

蛇頸龍

白堊紀的海洋被以薄片龍為首的蛇頸龍所統治。這些巨型肉食性爬行動物大多具有長頸、尖牙和巨大鰭片，幫助牠們在水中迅速移動。

薄片龍

這種蛇頸龍生活在8,000萬年前，其脖子長度驚人，足足有7米長。

薄片龍

魚類

白堊紀時期的魚類可以長到極大，如劍射魚。這種長達5至6米的魚有着極強的食慾，在美國堪薩斯州曾發現劍魚的胃內含有多條長達2米的魚類化石！

劍射魚

海王龍

這種滄龍長達12米。牠的嘴巴上顎有兩排鋒利的牙齒，有利於捕捉滑溜的獵物。

潛水的鳥

黃昏鳥是一種鳥類，但牠卻無法飛行。為了捕捉食物，牠會潛入水中，用其鋒利的牙齒捕捉魚類。

黃昏鳥

白堊刺甲鯊

白堊紀海路

在這段時期，北美洲被西部內陸海道一分為二。這片海洋平淺而溫暖，使氣候變得熱帶潮濕。

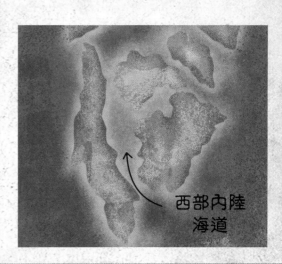

西部內陸海道

鯊魚

這種古老的動物，甚至可以追溯到4億4,000萬年前！白堊刺甲鯊的體型與大白鯊一樣大，牠會吃掉任何東西，包括滄龍、翼龍、恐龍甚至黃昏鳥。

巨型海龜

海龜最早於1億5,000萬年前的侏羅紀時期出現。其中體型最大的古巨龜可以長達4.6米，重達4噸。

古巨龜

滄龍

這巨大的海洋爬行動物常被誤認為恐龍，但其實牠們更接近蛇類。大多數滄龍有銳利的牙齒捕捉獵物，而另一些則有圓形扁平的牙齒用於咬破貝殼。

海王龍

恐龍滅絕

　　6,600萬年前，地球有史以來最大的陸地動物滅絕了！這場大規模的滅絕事件導致所有非鳥型恐龍、菊石、飛行爬行動物、海洋爬行動物等動物消失。這被稱為白堊紀-古近紀滅絕事件，或者K-Pg滅絕。

暴龍的滅絕
暴龍曾是地球最後的非鳥型恐龍之一。

甲龍

三角龍

暴龍

這次的滅絕事件導致地球上75%的生命消失了。

滅絕事件的成因是什麼？

墨西哥猶加敦半島的隕石坑是巨大隕石撞擊地球的證據，它造成地球上大多數生命滅絕。科學家還認為，印度的德坎火山區在此之前已經爆發了數百萬年。這些有毒的火山爆發導致全球氣候急遽變化，讓野生動植物在數百萬年內滅絕。

翼龍

蜻蜓

水熊蟲

強大的倖存者

水熊蟲是已知在一共五次的大規模滅絕事件中唯一倖存下來的生物。這微小的無脊椎動物能夠抵禦毒素、輻射和脱水環境,甚至能在太空存活。

食腐動物

鳥類之所以得以倖存,可能是因為牠們體型較小,而且能夠飛行。除此之外,牠們還以種子、昆蟲和食腐動物為食,在惡劣的環境也能覓食生存。

鳥類

蜥蜴

沒有食物也能生存

鱷魚類動物可以憑藉減緩新陳代謝的速度,長達數月不用進食。

真菌

倖存者

在這次大滅絕中,所有超過25公斤,相當於一隻鬥牛犬的重量的陸地動物都未能倖存,只有最強壯、最能適應環境的生物才能倖存下來,包括鱷魚、青蛙和蜥蜴。鳥類就是唯一倖存的恐龍。

青蛙

鱷魚

59

恐龍滅絕之後

在白堊紀-古近紀滅絕事件之後，哺乳動物終於有機會嶄露頭角，牠們不斷演化並適應環境，填補了恐龍曾經佔據的生態環境。

哺乳動物現已無處不在——只要照照鏡子，你也會看到一隻哺乳動物正在凝視着你！人類就是哺乳動物。無論是陸地上最大的動物還是海洋生物，哺乳動物都遍布於地球的每個角落。

請你繼續閱讀，深入了解你所屬的這個動物羣體吧！

位於美國內布拉斯加州、安蒂洛普郡的火山灰化石礦國家歷史公園，這裏保存了數百件犀牛化石而聞名，這些化石是在約1,300至1,100萬年前的一次火山爆發後，埋於火山灰裏而保存下來的。

哺乳動物時代

隕石撞擊地球導致恐龍滅絕之後，動植物逐漸在一個新的時代中恢復生機，這個萬物復蘇的時期為新生代。中生代的哺乳動物體型從未比浣熊大，然而，由於恐龍不再存在，哺乳動物得以走出陰霾，並在新生代時期不同的棲息地中茁壯成長。

更猴

紐齒獸

加斯東鳥

角齒魚

海皇企鵝

奈氏魚

龍王鯨

曙馬

猶因他獸

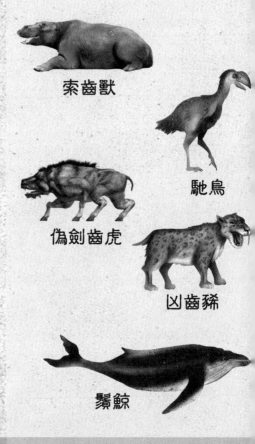

索齒獸

馳鳥

偽劍齒虎

凶齒豨

鬚鯨

古近紀

（6,600萬至5,600萬年前）

氣候極為炎熱，極地沒有冰蓋存在。缺乏大型草食動物，因此森林繁茂。紐齒獸這樣的小型多瘤齒獸目動物（類似囓齒動物）成功在這片土地繁衍生息。許多現代鳥類都是起源自這個時期。

始新世

（5,600萬至3,300萬年前）

由於火山爆發，氣候處於自二疊紀-三疊紀滅絕事件以來最溫暖的時期，平均氣溫為攝氏22至28度，棕櫚樹會在熱帶極地地區生長。有蹄動物的祖先體型較小，比如古代馬科動物曙馬。除此之外，當時的蟒蛇、鱷魚和海龜繁衍迅速、無處不在。

漸新世

（3,300萬至2,300萬年前）

隨着氣候開始變冷，極地形成了冰蓋，海平面下降。氣候變化導致熱帶森林變得更小，而草原擴展開來，為早期的馬、犀牛和駱駝提供了奔跑空間。捕食者必須學習新方法來適應環境變化。

人類在更新世時期開始演化，由最初的類人猿，慢慢地發展出直立行走、會製作工具和具有語言能力的智人。

全新世時期
（11,700年前至現在）

這又稱人類世（Anthropocene），是我們目前所處的時代。雖然冰河時代大部分巨型動物已經絕種，但仍然存在一些令人難以置信的動物，牠們的起源可以追溯到恐龍滅絕之後。作為人類，我們可以利用對過去各個時期的知識來關心未來的世界。

遠洋鳥

嵌齒象

普魯斯鱷

半犬

雕齒獸

阿法南方古猿

大地懶

巨齒鯊

真猛獁象

巨猿

智人

古巨蜥

中新世
（2,300萬至500萬年前）

氣候相對暖和，但整體氣候仍在變冷。草地擴展，大型草食動物羣也隨之增加，包括外形像豬的岳齒獸，力量足以粉碎骨頭的半犬以及長鼻目動物嵌齒象（大象的近親）也在這個時期出現。

上新世
（500萬至200萬年前）

氣候略微比現在暖和。南美洲和北美洲被名為巴拿馬地峽的狹窄土地連接着，這片新陸地像橋樑一樣讓動物可以來往兩洲之間，遷徙的動物包括體型巨大的大地懶和犰狳科的雕齒獸。

更新世
（200萬至1萬1,000年前）

這時期也稱冰河時期。許多北部地區被龐大冰層覆蓋。整個更新世時期經歷了多次冰河時期，人類（智人）和巨型哺乳動物，如真猛獁象、巨猿等都是在這時期演化出來。

真猛獁象

雖然人類與恐龍生存於不同的時代，但人類與猛獁象卻同時存在過，並曾依賴獵捕猛獁象維生。這些毛茸茸的巨獸在冰河時期時成羣結隊地漫遊於多雪的北極苔原地區。

獠牙

幼年的猛獁象出生時已經有獠牙，而這些獠牙會不斷生長直至終老。獠牙看起來像角，但實際上它們是兩顆巨大的門齒，就像你的門牙一樣。

真猛獁象

洞穴壁畫

早期人類會在岩石或洞穴壁上繪製動物圖案，這些圖畫幫助我們了解當時動物的外觀。例如，根據這些壁畫的描繪，我們知道猛獁象頭頂和肩膀上有脂肪隆起的部位。

靈敏的象鼻

象鼻是猛獁象的鼻子和上嘴唇。它用於聞味、呼吸、感知外界環境以及抓握物件。

抵禦寒冷

真猛獁象身披兩層厚厚的棕色毛皮，這有助於牠們在冰冷的冰河時期保持溫暖。

毛茸茸的外套

古生物學家在冰層中發現了仍然保存完好的猛獁象毛髮！

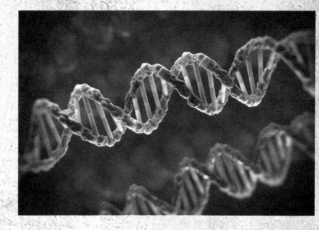

死而復生

透過研究冰封中保存的猛獁象，科學家們成功提取了牠們的DNA，也就是構成牠們生物本質的遺傳資訊。科學家正利用這些DNA來了解猛獁象，甚至可能讓牠們從滅絕中復活。

問題是：科學家應該讓猛獁象從滅絕中復活，還是應該專注於保護瀕危動物，如牠們的近親亞洲象？

為什麼會滅絕？

猛獁象與其他巨型冰河時期哺乳動物一同在更新世末期滅絕。科學家們仍在試圖了解滅絕的原因，氣候變化和人類的狩獵都可能造成猛獁象的滅絕。

新生代巨獸

在白堊紀-古近紀滅絕事件之後，許多動物逐漸變得更為巨大。無論是有史以來體型最大的鯊魚，還是今天仍存在的巨型鯨類，我們都能在新生代時期見證這些歷史上最龐大的動物。

體型
最重：730 公斤
最長：13 米

巨大而奇異

恐龍並不是地球上唯一巨大的動物。事實上，許多新生代時期的動物甚至更大、更奇特！本頁介紹的動物曾生活在新生代的不同時期。

泰坦巨蟒

雖然新生代時期可以說是哺乳動物的時代，但泰坦巨蟒這種龐大的爬行動物卻可以稱霸一方。這種巨型蟒蛇體型大到足以吞下大魚、海龜，甚至整隻鱷魚。牠生存在約6,000至5,800萬年前。

藍鯨

藍鯨是有史以來最大的動物且生存至今。牠是一種濾食性動物，通過攝入大量海水，將其過濾以獲取磷蝦（類似蝦的海洋生物）等食物。

體型
最重：100 噸
最長：30 米

巨犀

這種草食性無角犀牛生活在距今約3,400萬至2,300萬年前的歐亞大陸。牠巨大的體型是對抗掠食者最有效的防禦武器。

體型
最高：7 米
最重：20 噸
最長：9 米

巨齒鯊

有史以來最大的鯊魚，生活在僅約3,600萬年前。駭人聽聞的巨齒鯊分布在世界各大洋，以鯨、海豚、海豹和海龜為食物。

體型
最重：103 噸
最長：15 米

史前世界與我

　　誰可成為古生物學家？你可以！研究化石不僅有趣，而且可以通過多種不同的方式進行，成為古生物學家的道路並不僅僅只有一條。

　　古生物學作為一門科學，其實只存在了短短約200年。正如你通過閱讀這本書所知，地球上的生物已經演化了**35億年**，因此我們的探索之旅才剛剛開始！

　　也正因如此，當你真的成為一位古生物學家後，**仍然有許多令人驚奇的化石在等待着你**，甚至由你親自發現！

　　請你繼續閱讀，了解如何成為一名古生物學家，並研究史前世界。

從野外到實驗室

化石年齡介乎於數千到數百萬年間，因此可能非常脆弱。古生物學家每年都會花幾個月的時間去挖掘化石，這就是野外考察。野外考察涉及多方面，先了解在哪裏尋找化石，後運送化石回實驗室，再到清理，最終安全存放化石樣本，需要井然有序的安排。

我們將尋找化石的過程稱為勘探。

野外考察：尋找化石

古生物學家不能隨便開始挖掘，他們首先必須知道從哪裏開始！例如，棘龍和暴龍不是在同一地方或同一時期發現的。暴龍生活在約6,600至6,800萬年前的北美，而棘龍則生活在約9,900至9,300萬年前的埃及。地質地圖顯示了地球表面的地層及其年代，繪製地圖可以幫助他們找出特定化石可能存在的地方，而地表上的化石代表地底可能會發現更多化石。

化石準備工作：清潔化石

　　我們必須非常小心處理化石！化石被帶回博物館之後，負責化石處理員的古生物學家會小心打開每個化石的包裹。他們使用例如鎬子等小工具，和較大的電動工具，輕輕清除化石周圍的泥土和岩石。化石暴露出來後，他們會使用特殊的膠水修復裂縫和斷裂之處。

收藏管理：儲存化石

　　清潔完的化石會獲得一個編號，並存放在專門的金屬抽屜中。在這裏，古生物學藏品管理員負責安全保管這些化石。

存放在抽屜裏的化石

學術研究：了解化石

　　每一個被發掘的化石都能夠幫助研究人員解答問題。所以越多化石被發現，意味着越多答案！例如，研究人員獲得越多某一物種的化石，就能分析越多關於該物種的資訊，包括牠的成長過程、生命變化以及可能存在的疾病等。

還有什麼可以學習？

由於古生物學作為一門科學研究，僅有200年歷史，因此有許多知識仍待探索！隨着新技術不斷發展，我們發現了研究化石的新方法，所以我們對於史前世界的了解也只是剛剛開始而已。

恐龍會發出怎樣的聲音？

鳥類和鱷魚是與恐龍最接近的現存物種，我們可以觀察牠們的溝通方式，從而想像恐龍發出的聲音。例如，恐龍或許不能像哺乳動物那樣咆哮，因為哺乳動物的聲帶與鳥類和鱷魚有很大的不同。

胎生方式
擁有胎生能力意味着蛇頸龍不需要爬上陸地產卵。

有沒有恐龍是胎生的？

透過研究海洋爬行動物如蛇頸龍和魚龍的化石樣本，我們發現化石內部仍然保存着發育中的幼體，這顯示牠們是直接產下幼體而不是產卵。雖然大多數恐龍是以產卵方式繁殖的，但我們仍在努力探索是否有其他史前生物以胎生方式繁衍後代。

暴龍和三角龍的蛋是什麼樣子的？

我們雖然發現了一些獸腳類恐龍和角龍的蛋，但目前尚未發現兩個世界上最著名的恐龍的蛋——就是暴龍和三角龍。因此，目前對於牠們的蛋的外觀還沒有具體發現或描述。

為什麼沒有非鳥型恐龍倖存？

我們仍然不清楚！鳥類是唯一在滅絕事件中倖存下來的恐龍，但不確定為什麼其他小型非鳥型恐龍沒有存活。

目前的進展

我們從未停止研究數百萬年前的地球生命。就在2023年，一種新恐龍物種Vectipelta barretti被發現，正式中文名稱還有待確定。然而，仍有許多現存的問題有待古生物學家回答……

恐龍的內臟是怎樣的？

骨骼和皮膚會變成化石，但內臟器官不會。恐龍的心臟是什麼樣子的呢？恐龍是否像鳥類一樣有喉囊（用於儲存食物的囊袋）？還是只有一個胃？

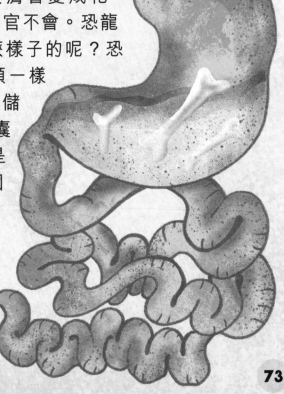

恐龍是什麼顏色的？

我們知道如何分析有羽毛的恐龍的顏色，但對於非鳥型恐龍，還不清楚牠們的顏色。所以，你繪畫上色時，仍然可以充分發揮想像力！

古生物學的職業

你想成為古生物學家嗎？太好了！有許多途徑可以讓你走上古生物學之路——閱讀這本書已經是個好開始。以下是一些能讓你與化石一起工作的職業，以及需要具備的技能。

注重細節
研究員檢查化石時，可以使用放大鏡可以幫助來觀察微小的細節。

謹慎處理
藏品管理員需要清潔及妥善保存易碎的化石，以便日後研究。

掌握知識
教育工作者需要閱讀大量書籍和期刊，以了解全新發現的化石。

研究員

他們專門負責博物館古生物學部門，工作多樣，包括組織夏季野外考察以發掘新標本，進行研究並發表等。

藏品管理員

他們就像圖書館管理員，但工作不是照顧書籍，而是將化石安全地存放在特殊抽屜和櫥櫃中，以便研究。化石收藏品通常存放在博物館和國家公園等地方。

教育工作者

主要教導人們有關史前歷史和化石的知識。無論是在博物館工作還是成為大學教授，擔任教育工作者，可以告訴他人自己所熱愛的事物，甚至可能激勵別人，做好生涯規劃，立志從事古生物學的！

古生物藝術家

這是一門特殊的藝術，他們負責重建化石和滅絕生物的外貌，使用的藝術形式豐富多元，涵蓋繪畫、油畫、雕塑以及電腦動畫。

公園管理員

公園管理員和政府古生物學家致力於保護和保存位於公共土地上（如惡地和沙漠）的化石。

工地化石專家

他們在建築工地工作，當建築工人挖掘時，他們會觀察現場情況，負責回收和保存意外發現的化石。

專業用具
野外考察袋裏裝
滿了各種工具

成為古生物學家的方法

我們進入古生物學的途徑有很多，遵循下列簡單的步驟是開始古生物學之旅的好方法：

1. **保持好奇心**：不斷學習、閱讀，並提出問題。

2. **參觀博物館**：盡可能在世界上各種不同地方參觀化石。

3. **努力學習**：在學校的科學課上認真學習！

4. **與專家聯繫**：與你欣賞的古生物學家或當地博物館、大學的古生物學家取得聯繫，他們喜歡與化石愛好者交流！

化石處理員

他們需要使用特殊工具處理化石。例如會利用鎬子、刷子、氣動筆等工具仔細地將化石從岩石中分離。化石處理員是化石保存的專家，甚至還會製作特殊的膠水來修復易碎的化石。

詞彙表

五畫

永凍層 Permafrost： 地下永久凍結的土壤層。

生物 Organism： 指有生命的個體。

生態系統 Ecosystem： 由生物和周圍的非生物環境組成的生態，包括土壤、水和周圍的空氣。

目錄 Catalogue： 羅列出物品的清單。

六畫

地質學會 Geological society： 位於英國倫敦的學會，成立於1807年。地質學家加入該會學習地質知識並分享他們的發現，直到1919年女性才被允許加入。

多樣化 Diversify： 種類變得更豐富。

西伯利亞暗色岩 Siberian traps： 位於現今俄羅斯西伯利亞的一個火山岩區域，是由許多大規模火山爆發形成的。

七畫

沉積物 Sediment： 由天然物質磨碎而成的材料，如泥漿和沙子。

八畫

夜行性的 Nocturnal： 在夜間活躍的動物。

九畫

侵蝕 Erosion： 地球表面因天氣而逐漸磨損。

祖先 Ancestor： 進化成現代各類動植物的古生物。

十畫

凍原 Tundra： 寒冷且無樹的地區，土壤保持凍結狀態。

氣候變化 Climate change： 地球溫度和天氣的改變，可能是自然的，或由人類活動引起的。

氣動筆 Air pen： 用氣流清潔化石的處理工具。

海洋的 Marine： 存在於海洋中的東西。

脊椎動物 Vertebrate： 具有脊椎的動物。

草食性 Herbivore： 只吃植物的動物或恐龍。

十一畫

基因 Genetic： 與生物的起源有關。

覓食 Scavenge： 在特定區域內收集或搜索食物。

軟組織 Soft tissue： 身體中的軟性物質，如肌肉、脂肪和血管等。

軟體動物 Mollusc： 擁有柔軟身體、通常有硬殼的動物，如蛤蜊。

鳥類的 Avian： 與鳥有關的東西。

十二畫

喉囊 Crop： 鳥類消化系統的一部分，用於儲存吞下後的食物。

無脊椎動物 Invertebrate： 沒有脊椎的動物。

絕種 Extinct： 一個動植物物種永遠消失。

溫室氣體 Greenhouse gas： 存在於地球大氣層中的氣體，像溫室一樣困住熱氣體。

十三畫

滅絕事件 Extinction event： 大量地球生物在短時間內死亡。

節肢動物 Arthropod： 具有堅硬外骨骼且身體分成節段的無脊椎動物。

十四畫

演化 Evolve： 生物隨着時間的推移而變化和適應，產生新物種或形態。

十五畫

適應 Adapt： 生物隨環境改變而做出的生理或行為上的改變。

十九畫

瀕危 Endangered： 有可能滅絕的動植物物種。

索引

英語讀音指南 （大楷的音節表示重音）

堅蜥 Aetosaur
AY-toe-sor

異特龍 Allosaurus
Al-oh-SOR-us

半犬 Amphicyon
Am-FEE-si-on

甲龍 Ankylosaurus
Ank-ill-oh-SOR-us

迷惑龍 Apatosaurus
A-pat-oh-SOR-us

纖肢龍 Araeoscelis
A-ray-oh-skel-is

始祖鳥 Archaeopteryx
Ar-key-OP-ter-ix

太古宙 Archean
Ar-KEY-uhn

古巨龜 Archelon
Ar-kell-on

主龍 Archosaur
AR-koh-sor

濾齒龍 Atopodentatus
A-top-oh-den-tah-tus

阿法南方古猿 Australopithecus afarensis
Os-tra-low-PITH-ee-cuss a-far-EN-sis

龍王鯨 Basilosaurus
Bah-sil-oh-SOR-us

腕足動物 Brachiopod
BRA-key-oh-pod

腕龍 Brachiosaurus
Bra-key-oh-SOR-us

寒武紀 Cambrian
KAM-bree-uhn

新生代 Cenozoic
See-no-ZO-ik

角齒魚 Ceratodus
Seh-RA-to-dus

角龍亞目 Ceratopsian
Seh-ra-ROPS-ee-uhn

腔骨龍 Coelophysis
See-low-FYE-sis

冠齒鯨 Coronodon
Cor-on-oh-don

杯鼻龍 Cotylorhynchus
Co-tye-low-rin-kus

白堊紀 Cretaceous
Creh-TAY-shuss

白堊刺甲鯊 Cretoxyrhina
Creh-tox-ee-rye-nah

杯椎魚龍 Cymbospondylus yongorum
Sim-bo-spon-dil-lus yung-or-um

犬齒獸 Cynodont
SI-no-dont

凶齒豨 Daeodon
DAY-oh-don

古老魚類 Dapedium politum
Da-pee-de-um pol-it-um

泥盆紀 Devonian
De-VO-nee-uhn

二齒獸 Dicynodont
Die-SY-no-dont

異齒龍 Dimetrodon
Die-MET-noe-dont

雙型齒翼龍 Dimorphodon macronyx
Die-MOR-foe-don MAK-ron-ix

恐頭獸 Dinocephalian
Die-no-seh-FAY-lee-uhn

笠頭螈 Diplocaulus
Dip-low-CALL-us

梁龍 Diplodocus
Dip-LOD-oh-kuss

鐮龍 Drepanosaurus
DRE-pan-oh-sor-us

馳鳥 Dromornis
Druh-MOR-nis

棘皮動物 Echinoderm
Ee-KYE-no-derm

棘龍 Edaphosaurus
EE-daf-oh-sor-us

艾德蒙頓龍 Edmontosaurus
Ed-mont-oh-SOR-us

薄片龍 Elasmosaurus
E-laz-moe-SOR-us

內齒獸 Elephantosaurus
E-le-fan-toe-sor-us

始新世 Eocene
EE-oh-seen

曙馬 Eohippus
Ee-oh-HIP-uhs

始盜龍 Eoraptor
Ee-oh-RAP-tor

埃里斯蜥獸 Ericiolacerta
E-re-cee-o-lah-ser-tah

引螈 Eryops
E-ree-ops

冠鱷獸 Estemmenosuchus
Es-teh-men-oh-SOO-kus

真雙型齒翼龍 Eudimorphodon
Yoo-die-MOR-foe-don

鐮鰭鯊 Falcatus
Fal-KAR-us

加斯東鳥 Gastornis
Gas-TOR-nis

柳胸螈 Gerrothorax
Ge-ro-THOR-ax

巨猿 Gigantopithecus
Ji-gan-toe-PITH-eck-us

巨刺龍 Gigantspinosaurus
Ji-gant-SPY-noe-sor-us

雕齒獸 Glyptodont
GLIP-toe-dont

嵌齒象 Gomphotherium
Gom-foe-THREE-ree-um

棱菊石 Goniatite
GO-nee-at-ite

吳氏巨顱獸 Hadrocodium
Had-row-CO-dee-um

鴨嘴龍 Hadrosaur
HAD-row-sor

旋齒鯊 Helicoprion
Hel-ee-CO-pree-on

艾雷拉龍 Herrerasaurus
Heh-rare-ra-SOR-us

黃昏鳥 Hesperornis
Hes-per-OR-nis

全新世 Holocene
HO-luh-seen

偽劍齒虎 Hoplophoneus
HOP-low-foe-nee-us

稜齒龍 Hypsilophodon
Hip-sih-LOAF-oh-don

魚龍 Ichthyosaur
LK-thee-oh-sor

禽龍 Iguanodon
Ig-WAH-no-don

海皇企鵝 Inkayacu
In-kye-AH-koo

狼蜥獸 Inostrancevia
In-oh-stran-SEE-vee-ah

奈氏魚 Knightia
NITE-ee-ah

利茲魚 Leedsichthys
Leeds-IK-this

鱗木 Lepidodendron
Lep-i-do-DEN-dron

滑齒龍 Liopleurodon
Lie-oh-PLOOR-oh-don

水龍獸 Lystrosaurus
LIS-trow-sor-us

馬爾拉蟲 Marella splendens
Ma-REL-ah SPLEN-dens

頭飾龍 Marginocephalian
Mar-ji-no-sa-FAY-lee-an

巨爪蜥 Megalancosaurus
Me-ga-lan-co-sor-us

古巨蜥 Megalania
Me-ga-LA-nee-ya

巨齒鯊 Megalodon
ME-ga-low-don

巨脈蜻蜓 Meganeura
Me-ga-NEW-ra

大地懶 Megatherium
Me-ga-THEER-ee-um

大帶齒獸 **Megazostrodon**
Me-ga-ZO-stroh-don

中生代 **Mesozoic**
Mes-oh-ZO-ik

小盜龍 **Microraptor**
MY-crow-rap-tor

中新世 **Miocene**
MY-oh-seen

密西西比紀 **Mississippian**
Mis-is-IP-ee-un

摩爾根獸 **Morganucodon**
Mor-gan-oo-CODE-on

滄龍 **Mosasaurus**
Mose-ah-SOR-us

麝足獸 **Moschops**
MOE-shops

幻龍 **Nothosaurus**
No-tho-SOR-us

尼亞薩龍 **Nyasasaurus**
Nye-AS-uh-sor-us

漸新世 **Oligocene**
Oh-LI-go-seen

大眼魚龍 **Ophthalmosaurus**
Off-THAL-mo-sor-us

奧陶紀 **Ordovician**
Or-doh-VISH-ee-uhn

鳥臀目 **Ornithischian**
Or-nith-ISK-ee-uhn

鳥腳亞目 **Ornithopod**
OR-nith-oh-pod

皮內成骨 **Osteoderm**
Os-tee-oh-derm

巨齒鯊 **Otodus megalodon**
Oh-TOE-dus ME-ga-low-don

厚頭龍 **Pachycephalosaur**
PAK-ee-sef-ah-low-sor

巴基鯨 **Pakicetus**
Pak-ee-SED-tus

古新世 **Paleocene**
PAY-lee-oh-seen

索齒獸 **Paleoparadoxia**
Pay-lee-oh-pah-ra-DOX-ee-a

古生代 **Paleozoic**
Pay-lee-oh-ZO-ik

泛大洋 **Panthalassa**
Pan-tha-LA-sa

巨犀 **Paraceratherium**
Pa-ra-seh-ra-THEER-ee-um

副櫛龍 **Parasaurolophus**
Pa-ra-sor-OH-loaf-us

巴塔哥巨龍 **Patagotitan**
Pat-ah-go-TIE-tan

遠洋鳥 **Pelagornis**
Pe-la-GORE-niss

地角蟾 **Peltobatrachus**
Pel-toe-BA-trak-us

賓夕法尼亞紀 **Pennsylvanian**
Pen-suhl-VAY-nee-uhn

二疊紀 **Permian**
PER-mee-uhn

植龍 **Phytosaur**
FYE-toe-sor

皮薩諾龍 **Pisanosaurus**
Pis-AH-no-SOR-us

板龍 **Plateosaurus**
PLATE-ee-oh-sor-us

更新世 **Pleistocene**
PLYE-stuh-seen

更猴 **Plesiadapis**
PLEE-zee-ah-dap-is

蛇頸龍 **Plesiosaur**
PLEE-zee-oh-sor

肋木 **Pleuromeia**
Ploo-roh-ME-ah

上新世 **Pliocene**
PLYE-oh-seen

上龍亞目 **Pliosaur**
PLEE-oh-sor

波波龍 **Poposaurs**
POP-oh-sor-us

前寒武紀 **Precambrian**
Pree-CAM-bree-an

鋸齒螈 **Prionosuchus**
Pree-on-oh-SOO-kus

巨型短面袋鼠 **Procoptodon**
Pro-COP-toe-don

元古宙 **Proterozoic**
Pro-ter-oh-ZO-ik

原始樹幹化石
**Protojuniperoxylon
ischigualastianus**
Pro-toe-joo-ni-per-OX-i-lon
ish-EE-gwa-las-tee-AN-us

偽鱷 **Pseudosuchians**
SOO-doe-soo-kee-uns

無齒翼龍 **Pteranodon**
Teh-RAN-oh-don

翼手龍 **Pterodactylus**
Teh-roe-DAK-til-us

翼龍 **Pterosaur**
TEH-roe-sor

普爾加托里猴 **Purgatorius**
Per-gah-TOR-ee-us

普魯斯鱷 **Purussaurus**
PUH-roo-SOR-us

彪龍 **Rhomaleosaurus
cramptoni**
Ro-MAL-ee-oh-SOR-us
CRAMP-toe-nee

喙頭龍 **Rhynchosaurus**
Rin-ko-sor-us

蜥臀目 **Saurischia**
Sor-ris-kee-uhn

蜥腳形亞目
Sauropodomorph
Sor-oh-POD-oh-morf

蜥腳下目 **Sauropod**
SOR-oh-pod

蜥鳥盜龍 **Saurornitholestes**
SOR-oh-NITH-oh-les-teez

擅攀鳥龍 **Scansoriopterygid**
SCAN-sor-ee-OP-ter-i-jid

狹葉蠅子草 **Silene
stenophylla**
Si-leen sten-oh-fil-ah

西里龍 **Silesaurus**
SI-luh-sor-us

志留紀 **Silurian**
Si-LOOR-ee-an

中華龍鳥 **Sinosauropteryx**
Si-no-sor-OP-ter-ix

橫齒獸 **Siriusgnathus**
SI-re-us-NAY-thus

劍齒虎 **Smilodon**
SMYE-lo-don

硬盾菊石 **Soliclymenia**
Sol-ee-clye-MEEN-ee-ah

棘背龍 **Spinosaurus**
Spine-oh-SOR-us

劍龍 **Stegosaurus**
steg-oh-SOR-us

胸脊鯊 **Stethacanthus**
Steth-a-CAN-thus

戟龍 **Styracosaunis**
Sty-rack-oh-SOR-us

紐齒獸 **Taeniolabis**
TAY-nee-oh-lay-bis

離片椎目 **Temnospondyls**
Tem-no-SPON-dils

獸孔目 **Therapsids**
Thuh-RAP-sids

裝甲類恐龍 **Thyreophoran**
Thy-ree-oh-FOR-an

提塔利克魚 **Tiktaalik roseae**
Tik-TA-lik rose-ay

泰坦巨蟒 **Titanoboa**
Tie-tan-oh-BO-a

三疊紀 **Triassic**
Try-AS-ik

三角龍 **Triceratops**
Try-SED-ra-tops

海王龍 **Tylosaurus**
TIE-low-SOR-us

暴龍 **Tyrannosaurus rex**
Tie-ran-oh-sor-us rex

猶因他獸 **Uintatherium**
Win-tah-THEE-ree-um

懷特島盾龍 **Vectipelta
Barretti**
Vec-tee-pel-tah bar-ET-ee

伶盜龍 **Velociraptor**
Vel-os-i-RAP-tor

遠古翔獸 **Volacticotherium**
Vole-at-ee-ko-THEE-ree-um

劍射魚 **Xiphactinus**
Zye-FAC-tee-nus

奇翼龍 **Yi qi**
YEE chee

鳴謝

DK希望向以下人士表達感謝：
Francesca Harper 提供英語讀音指南，
Karen Chin 提供圖片，
Helen Peters 負責索引，
以及Caroline Hunt 負責英文原書校對。

艾希莉Ashley想感謝她的丈夫Lee和兩
隻貓給予她無限的愛和支持。

圖片來源

出版社感謝以下各方慷慨授權讓
其使用照片：

2 Dorling Kindersley: Colin Keates / Natural History Museum, London (cla). 2-80 Dreamstime.com: Designprintck (Texture). 3 Dorling Kindersley: Jon Hughes (tc). 4-5 Alamy Stock Photo: Lee Rentz. 6 Alamy Stock Photo: PhotoAlto sas / Jerome Gorin (cb). Dreamstime.com: Marcos Souza (clb). Science Photo Library: Dirk Wiersma (tr). 7 Alamy Stock Photo: PRAWNS (tl); Stefan Sollfors (cb). Getty Images: Feature China / Future Publishing (clb). 8 Dorling Kindersley: Colin Keates / Natural History Museum, London (cb, tr). 9 Science Photo Library: Millard H. Sharp (tc). 11 Dreamstime.com: Onestar (tl). 12 123RF.com: Mark Turner (tr). 13 Dreamstime.com: Isselee (tr). 14-15 Alamy Stock Photo: Roland Bouvier. 16 Shutterstock.com: Dotted Yeti (clb, cb). 16-17 Dreamstime.com: Mark Turner (t). 17 Dreamstime.com: Elena Duvernay (cr); Corey A Ford (tr); Mark Turner (clb). 18 Science Photo Library: Millard H. Sharp (clb). 20-21 Dreamstime.com: Alexander Ogurtsov (cb). 20 Alamy Stock Photo: Hypersphere / Science Photo Library (clb). Dorling Kindersley: Colin Keates / Natural History Museum, London (br). 21 naturepl.com: Alex Mustard (crb). 22-23 Dreamstime.com: Linda Bucklin (c). 23 Dreamstime.com: Victor Zherebtsov (tr). 25 Alamy Stock Photo: Corbin17 (bc); Natural History Museum, London (tl, tr, br); Custom Life Science Images (bl). Science Photo Library: Kjell B. Sandved (tc). 26 123RF.com: Corey A Ford (tr). 28-29 Alamy Stock Photo: Jamie Pham. 30 123RF.com: Corey A Ford (cra). Dorling Kindersley: Jon Hughes (br). 31 Alamy Stock Photo: Mohamad Haghani (cr). Dorling Kindersley: James Kuether (crb). Getty Images: Moment / John Finney Photography (br). 32 Dorling Kindersley: Jon Hughes (clb). 37 Dorling Kindersley: Jon Hughes (tl). 38 Dreamstime.com: Mark Turner (cl). 42-43 Dreamstime.com: Cornelius20. Shutterstock.com: SciePro (c). 44 Dorling Kindersley: Colin Keates / Natural History Museum, London (t). 44-45 Dreamstime.com: Elena Duvernay (c). 45 123RF.com: Michael Rosskothen (cra). Science Photo Library: Julius T Csotonyi (cr). 46 Alamy Stock Photo: IanDagnall Computing (bl). Shutterstock.com: Simon J Beer. 47 Alamy Stock Photo: David Buzzard (bl). Science Photo Library: Natural History Museum, London (tc). 48 123RF.com: Corey A Ford (c). Alamy Stock Photo: Mark Garlick / Science Photo Library (cla). Dorling Kindersley: Jon Hughes (tc). 49 123RF.com: Leonello Calvetti (cr); Corey A Ford (clb). Dorling Kindersley: Jon Hughes (tl); James Kuether (bc). 50 123RF.com: Mark Turner (ca). Getty Images / iStock: DmitriyKazitsyn (cl). 51 123RF.com: Mark Turner (br). Dorling Kindersley: Colin Keates / Natural History Museum, London (tr). 52 Photo by Karen Chin; specimen from the collections of the Denver Museum of Nature and Science: (cl). 54 123RF.com: Leonello Calvetti (cr). Alamy Stock Photo: Tim Fitzharris / Minden Pictures (bl). 57 Alamy Stock Photo: Sebastian Kaulitzki / Science Photo Library (crb). Shutterstock.com: SciePro (cb). 58 123RF.com: Leonello Calvetti (cl). 59 Dreamstime.com: Alslutsky (cr). Shutterstock.com: Dotted Yeti (tr). 60-61 Alamy Stock Photo: Jim West. 62 123RF.com: Ralf KRaft (cr). Alamy Stock Photo: Universal Images Group North America LLC / DeAgostini (cla). Dreamstime.com: William Roberts (clb). Science Photo Library: Roman Uchytel (cra). Shutterstock.com: SciePro (c). 63 Dorling Kindersley: Dynamo (cla). Dreamstime.com: Corey A Ford (ca). Getty Images / iStock: CoreyFord (cb). Science Photo Library: John Bavaro Fine Art (cra). 64 Alamy Stock Photo: GRANGER - Historical Picture Archive (clb). 65 Alamy Stock Photo: Science Picture Co (tr). 66-67 Getty Images / iStock: DigitalVision Vectors / aelitta (Silhouettes). 66 Alamy Stock Photo: Friedrich Saurer (ca). 67 Getty Images / iStock: CoreyFord (b). Science Photo Library: Roman Uchytel (tr). 68-69 Alamy Stock Photo: Brusini Aurlien / Hemis.fr. 71 Alamy Stock Photo: Qin Tingfu / Xinhua (br); Bodo Schackow / dpa-Zentralbild / ZB (cla). Getty Images: Moment / Jordi Salas (tr). 74 Shutterstock.com: PolinaPersikova (cl). 75 Getty Images / iStock: fares139 (cla). Science Photo Library: Pascal Goetgheluck (crb)
Cover images: Front: 123RF.com: Leonello Calvetti cr, Corey A Ford ca, Mark Turner tl; Dorling Kindersley: Andy Crawford / Roby Braun clb, Jon Hughes cl; Dreamstime.com: Designprintck (Texture), Mark Turner crb; Getty Images / iStock: CoreyFord cla; Back: 123RF.com: Leonello Calvetti cl, Corey A Ford ca, Mark Turner tr; Dorling Kindersley: Andy Crawford / Roby Braun crb, Jon Hughes cr; Dreamstime.com: Designprintck (Texture), Mark Turner clb; Getty Images / iStock: CoreyFord cra

All other images © Dorling Kindersley

關於畫家

克萊爾・麥阿法德 Claire McElfatrick 是一位自由工作的插畫家。她美麗的手繪圖畫和拼貼插圖靈感來自她在英國鄉村的家。她曾為以下系列的書籍繪製插圖：The Magic and Mystery of Trees, The Book of Brilliant Bugs, Earth's Incredible Oceans, The Extraordinary World of Birds and The Frozen Worlds.